《花艺目客》编辑部 编
中国林业出版社

FLORAL DESIGN MOOK

花艺目客

秋
—之—
叁叁

己亥年
总第6辑

FLORAL DESIGN MOOK

己亥年秋　总第 6 辑

图书在版编目（CIP）数据

花艺目客. 秋之袅袅 / 花艺目客编辑部编. -- 北京：中国林业出版社, 2019.8
ISBN 978-7-5219-0309-6

Ⅰ.①花… Ⅱ.①花… Ⅲ.①花卉装饰—装饰美术—设计 Ⅳ.①J525.12

中国版本图书馆CIP数据核字(2019)第228030号

责任编辑：印　芳
出版发行：中国林业出版社
　　　　　（100009 北京市西城区刘海胡同7号）
电　话：010-83143565
印　刷：固安县京平诚乾印刷有限公司
版　次：2019年11月第1版
印　次：2019年11月第1次印刷
开　本：787mm×1092mm　1/16
印　张：9
字　数：300千字
定　价：58.00元

总策划 *Event planner*
中国林业出版社

主编 *Chief Editor*
印芳
特约撰稿 *Staff Editor*
霍丽洁、黄静薇、石艳
编辑 *Editor*
袁理　邹爱

美术编辑 *Art Editor*
刘临川
封面图片 *Cover Picture*
赤子

联系我们 *Contect us*
huayimuke@163.com
商业合作 *Business cooperation*
huayimuke@163.com
投稿邮箱 *Contribution email address*
huayimuke@163.com

6
华夏之花盛世开

人物 | Stars

12
Stef Adriaenssens
理性与激情兼具的比利时花艺巨匠

24
张超
研习百种"撒"传承东方美

30
许晓瑛
好好沉淀，思考压花艺术到底是什么

设计 | Design

41
華·苑

46
如花在野

52
婚礼故事—秋之华

62
一场夏末初秋的生日聚会

67
星河

71
小空间花植设计

74
秋日圆形新娘手捧花

76
粉色波浪形新娘手捧花

79
秋月形新娘手捧花

82
麦田里的守望者元也花艺 × EIN

88
秋实餐桌花

基础 | Basic

94
橙黄色花蓝插花

95
乡村复古秋色桌花

96
宁静的欢愉

99
细听时光呓语

101
末路花田

102
圆弧形装饰画

104
弧形装饰画

107
直立平行装饰画

108
多肉植物创意玩法

112
归期

探店 | Discovery

116
几莳："当下即永恒"

130
后花店时代，让你的空间有更多可能性

华夏之花盛世开

撰文／贾军　绘画／恩斯特斯

江南的钟灵毓秀，东方文化的意境深远。一朵花，一个世界。

> 我想祖先以花命名民族，是希望我们不但能够像这个世界上最美的鲜花一样生得好、长得美，而且能够像蓬勃的花草一样繁衍壮大，在中华大地上代代相传

花文化与中国传统文化的关系

花文化是我国传统文化一个非常重要的组成部分，它反映在有关花卉的绘画、诗词、音乐、舞蹈以及习俗等诸多方面。

我们这个民族自古就是花的民族，因为"华"就是古字的花。我们的祖先最早接触中国大地的时候，就了解到这片广袤土地上与我们共同繁衍生息着各种各样的花草树木。他们了解植物，利用植物，衣食住行的方方面面都在与植物打交道，与植物形成了密不可分的依存关系，长此以往就形成了一种对自然的热爱，尤其表现为对花的热爱。我想祖先以花命名民族，是希望我们不但能够像这个世界上最美的鲜花一样生得好、长得美，而且能够像蓬勃的花草一样繁衍壮大，在中华大地上代代相传，生生不息。所以我一直喜欢强调我们就是"花族"，我们都是花仙子。

我们国家的文化有自己的特色，像我们的古典园林，反映了人与植物、与天地、与四时互惠共荣的一种关系、一种体认。我们看花已经不局限于花本身外在的、形态的自然之美，而更多的是一种内化的、精神的人文之美。

花文化对于花艺、花店行业的意义

当今时代人们物质生活水平显著提高，对精神生活的追求越来越高，花文化对花艺、花店行业的意义也变得越来越重要。与其说我们是在卖花材不如说我们是在卖文化；与其说我们是在卖作品、卖手艺不如说我们是在卖理念、卖创意。

单纯的插花花艺作品，我们虽然也会对其有自身的一种情感体悟，但更多的是对它外在的形色方面的审美感受。但如果给它一个名字，再给它配一段文字，那么它就可以引领我们向更深的层次去体验，这样也就提升了整件作品的审美丰富度。

比如"玫瑰"（鲜切花市场商品名为"玫瑰"的种类）与月季，从植物分类上讲，其实是同一种植物。但因玫瑰有爱情的象征，所以称之"玫瑰"就会受人青睐，而"月季"则无人问津，这说明人们来买的是文化中有特定意义的花，而不是自然中的花。

我们在情人节主推"玫瑰"（切花月季），在母亲节主推康乃馨（香石竹），正是这个道理。

经营一个花店，或者插一件作品，如果了解花材的文化背景，也就是了解花文化的话，在听

明 边文进 岁朝图

这件作品中有十种素材：梅花、山茶、水仙、兰花、松枝、柏枝、南天竹、柿子、灵芝、如意，具有"十全十美"的意象。春节时，这种"十全十美"的插花正寄托了人们对新一年美好光景的向往。

再如我国传统花文化中梅花和竹子的搭配具有"梅开五福，竹报三多"的好寓意。梅花五瓣即五福，指"寿、富、康宁、修好德、考终命"；竹叶三片，即三多，指"多子、多福、多寿"。

到它们名字的时候，就会自然地展开联想，巧妙地立意构思，进而创造插花意境，构建多维的审美空间，既提升了作品的艺术性，也使欣赏者获得了丰富的审美体验。而对于花店销售来讲，也提升了商品的附加值，自然也就会有好的销路。

花文化与现代商业插花相结合

花文化与现代商业插花相结合最好的途径就是给每一件作品一个特定的名称，配一段温暖的文字。然后给每一个日子特殊的含义，结合我们传统的节日等，来推动商业各种形式的鲜花消费。

比如一个康乃馨花束，可能引起不了大家在情感上的共鸣，但如果我们给取一个名字：献给母亲的爱，或是感谢母亲养育之恩等这一类，就很容易与我们顾客内心的情感形成共鸣。有共鸣，有了

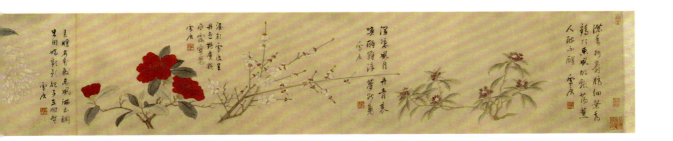

深层次的审美,商机就会多一些。

随着生活水平的提高,人们对精神层面的需求会越来越多,越来越看重。花艺师也要掌握营销方法,能够设计出理想的营销形式,对于精心创作的主题性插花花艺作品,不可能来一个顾客就介绍一次,我们可以用文字附加图片的形式,为每款作品配一个精美的卡片进行说明,或者采集作品图片结合文字进行网络推送,图文并茂,悦目赏心,就能够很好地带动顾客的需求。

其实这也算是一种包装,用文化来包装产品是最高级的包装,对于插花这种艺术性的产品还是最重要的包装。很多人也可能认为包装是华而不实的东西,其实包装更多程度反映的是用不用心的问题,是礼仪性的重要环节,是对对方的尊重,只要里面的东西足够撑得起包装的效果,不会让人有被表面功夫蒙骗之感,那么走心的"包装"必定会为产品增色添彩。

传统花文化的发展与传承

我们要了解中国传统的花文化,一方面要了解植物,了解花草的习性与功用,了解它们的生命本质,这样才能发觉花草自身的闪光品性;另一方面还要了解它们的人文历史,那些与人类互动而出的故事,这是花品、花格形成的一个重要途径,比如菊因陶渊明的"采菊东篱下"而成了隐者逸士的化身。此外我们还要清楚它们在当今社会生活中所扮演的角色,以及它们对于当代国人所能引发的情感。

我们要继承和发扬的是先人爱花赏花的传统。以花为师,以花为友,更多地从花的精神感召上汲取营养,启迪智慧,陶冶情操,提升身心修养。

传统花文化非常注重花香的特质。十大传统名花,牡丹、月季、梅、兰、莲、菊、桂、山茶、水仙、杜鹃花,大多是香花。先人们认为花的形与色,就像一个人的外表,体现的是人的外在美。那么,什么是内在的、德行的美呢?就是花香。在我国内美胜于外美的价值观中,代表德行美的花香就显得尤为重要,所以张爱玲有一恨便是"海棠无香"。

兰花有"芝兰生于深林,不以无人而不芳"的品性,所以是君子的典范。君子,慎独,就像那样小小的兰花,即便无人问津,也兀自芬芳,这种美好不是为取悦于人伪装出来的,而是本我的,真正的好。

我们的传统文化,看天地万物,看红尘诸事都看到质上面去了,然后把所有这些都幻化成对人的一种教养,去谋求身心修养的境界。

因此,传承和发展传统花文化,不是要全面照搬古人赏具体花的具体态度,不是古人怎么说,我们就怎么说。我们更多地是要看古人从哪些角度看花,从哪个角度赏花,又是怎样去爱花的,我们更多的是要来传承。

1 人物
Stars

Stef Adriaenssens
理性与激情兼具的比利时花艺巨匠

张超
研习百种"撒"传承东方美

许晓瑛
好好沉淀，思考压花艺术到底是什么

Stef Adriaenssens:
理性与激情兼具的
比利时花艺巨匠

撰文／霍丽洁

图片／北京鹿石花艺教育

在花艺界，
艺术造诣高却不善经营商业；
或者作品精美绝伦，
却很难总结成理论，几乎是一个通病。
或许各行各业皆是如此
——理性与创意兼备的都属难得。

所以，
当看到比利时花艺巨匠史蒂芬（Stef Adriaenssens），
在游刃有余于大型室内外花艺设计之余，
又成功运营花店，
同时担任几家花艺杂志主编，
在花艺创作、商业运营、理论整理方面，
都令人瞩目，不得不被他深深折服。

人物简介

Stef Adriaenssens

1963 年 4 月 25 日出生于比利时贝尔塞；

安特卫普国家大学中心攻读应用经济学；

1986 年开始在比利时 Lier 经营花店；Daniël Ost 学生，Daniël 指导的花卉艺术研究小组 Alluvium 成员；

获得国家和国际花卉竞赛的多项冠军奖，并在欧洲、亚洲及美洲开展演讲、研讨、讲座和学习班等；

在世界各地举办花卉展览、产品发布等活动；

担任欧洲知名花艺杂志编辑，为多本花艺及生活类杂志提供花艺设计作品；

创办学校

— Fluvium 国际花艺学校—比利时安特卫普

— Fluvium 国际花艺学校—比利时哈瑟尔特

— Fluid 叶卡捷琳堡 俄罗斯（负责人）

个人花艺展览

Beyond Imagination (2011)

Bloom (2012)

Taste of Three (2013)

好的花艺师要用花传递情感

史蒂芬的父母一生都在经营一家花店，他从五岁时起，就开始接触到花的美丽，12岁时，已经在店里创作花艺作品了！然而父母认为开花店太辛苦，希望他能走一条更轻松的道路，于是禁止他学习花艺，而是一路送他考入大学，学习经济。

学经济学让史蒂芬感到，尽管他喜欢这些理论，但是办公桌后的生活并不是他想要的，相反，从童年开始每天在花店的时光，才是最美好难忘的。于是他决定放弃学业，开始做自己的花艺生意。

"我看到了父母对花的热情和热爱，并被深深打动，我也想试一下。然而我的专业知识告诉我，父母的花店在营销和会计方面犯了严重的错误，在我的花店，我是用一种更符合商业规律的方式来经营，所以我取得了成功。"

史蒂芬笑着说，这个故事的结论是：接受良好的教育不仅能教会你花艺技术，还能教会你市场营销、会计和其他实用知识，事实证明，从事花艺也能过上体面生活！

至今，史蒂芬的花店在比利时已经开了32年，一直都很成功。他对花艺设计的激情总是能打动顾客，在他心目中，花艺师应该对花抱有激情，因为创造需要动力。"当人们走进你的花店时，他可能欢乐或悲伤，我们的职业要能够回应他们的情感。所以一个好的花艺师应该是一个感性的人，能够用花传递情感。"

大型花艺设计是最被低估的领域

综合素养很高的的史蒂芬，在花店之外，还担任几家花艺杂志的主编。而当他在花艺大赛中结识了大型花艺项目的组织者，他开始了另外一种职业生涯——在超过20年的时间里，总是在尝试组织更大型的花艺活动，创作更大型的作品。

"从2011年起，我们开始组织自己的花艺活动，在旧修道院、旧皇宫或豪华酒店设置大型装饰品。我们曾经有一个展览甚至由比利时国王和王后主持开幕。"史蒂芬认为，一年比一年更大型的花艺活动和作品，会给观众留下更加深刻的印象，也是对自己的挑战。

与自然融为一体的花艺作品

左页上左　运用芦苇杆的秋色系墙面悬挂装饰
左页上右　如何在一件作品中结合质感和结构。兰花、刚草和松果呈现最终效果
左页下左　花材加在舒适的巢状结构中。金属结构和叶材搭建抽象形状
左页下右　鸡爪造型承载的环形
右页　火山中喷涌而出的暖色

左页 层次和比例完美搭配，相比于传统经典造型，抽象造型更能适应于现代内饰
右页 森林中的大地艺术，两棵树中间夹着的巨大的蕨类球

他说，大型设计是花店中最被低估的领域之一。举例来说，大型设计并不是指你可以把一个一米高的作品放大成六米高的作品，它面临的问题要复杂得多。你要懂得物理定律，要考虑公众安全，要知道室内和室外花艺设计有很大不同，欧洲项目和中国项目也差异巨大。比如，室内设计有墙和天花板，这意味着作品要在一定边界内呈现效果，所以一个3米高的组合看起来很大，而室外的同一物体看起来却非常小。为了让你的创作与周围环境和谐一致，你需要遵循完全不同的创作思路和手法。与室内设计相比，室外设计的难度是呈指数级增长的。

而欧洲项目和中国项目的最大区别是耐久性。欧洲的专业展览，花卉只需要持续3天到10天，如此短暂的时间总是用切花作为主要装饰。而在中国，花卉展览有时需要持续3到6个月，因此就不可能再以花卉为主了，最好的选择是用架构，必要的话还可以用植物。如果使用植物，必须保证它们在长时间内得到很好地维护。

东西方花艺的结合

提到比利时，花艺界很多人第一想到的就是国宝级花艺大师Daniël Ost（丹尼尔·奥斯特），而史蒂芬就是丹尼尔的学生，也是丹尼尔指导的花卉艺术研究小组Alluvium的成员。

谈到这段宝贵的经历，史蒂芬说，在拜师丹尼尔之前，他已经是一个技术人员，但是对花艺知识的掌握却非常有限。因为热爱大型的建筑花艺，他总是在追求更高的目标，总是期待自己能做出更壮观的东西，所以他希望通过学习打开新的世界，做出梦想中的伟大设计。

"我认为我的作品是典型的比利时风格。我喜欢丹尼尔·奥斯特为我们行业所做的一切。他用一种新的方法把东方和西方结合在一起。我试着走这条路，而不模仿他或其他人。"史蒂芬总是尝试将个性化的元素添加到设计中，保持着一种纯粹而简约的风格，用有限的材料，达到少即是多的美学效果。

没有基础的"新风格"荒谬而危险

近年来，史蒂芬专注于在中国的事业——在北京鹿石花校开设大型花艺设计课程。同时，阅历丰富而睿智的他，也注意到中国乃至世界花艺界的一个现象：互联网和社交媒体是花卉产业的福音，然而，伴随而来的还有令人担心的一面：许多花卉作品仅仅是为图像而创作，很多人甚至不会考虑花材的保水。为了创新，各种不相干的材料混合组合在作品中，其实并没有很好地提升作品的价值，反而破坏美感。究其原因，是因为新一代花店缺乏基础知识，他们创造了一种"新"风格，所有的传统设计规则都被认为毫无价值。这是一种荒谬而危险的方式。

史蒂芬很感慨：行业花了2000多年来传承花艺的知识，而轻率的创作态度却有失去一切的风险。毕加索在创作他的抽象作品之前，学会了所有的绘画技巧并画出了风景画。而他的老师总是告诉

左页左 少即是多！对材料有所控制和限制将强化作品的形状

左页右 卷起来的叶子决定了造型，简约使作品更有力量

右页上 纸板这种简单的材料也可以呈现出龙一般的动感

右页下 橱柜上跳舞的白桦

他:首先你需要学习规则,然后你才能被允许违反它们。这也是他想告诉年轻一代花艺师的话:如果你不愿意投资适当的教育,你的营销泡沫总有一天会爆炸,然后你将一无所有。

他看到,中国学生是世界上最渴望学习的,非常热情,干劲十足,但很多同学耐心不足,参加了15天的课程后,他们希望自己可以经营花卉生意。但在欧洲,这是一个漫长的学习过程。如果太多的花店瞄准了市场的同一个部分,蛋糕就会被太多的人分割,最终没有人能过上体面的生活。在欧洲花卉展览中心,史蒂芬会教学生如何开一家花店,写下营销计划并执行,这是为了确保他们能够成功。但是在中国,他看到太多充满激情的人在不到6个月的时间里进入,并挥霍掉了他们所有的钱,然后彻底失望地离开了,带给她特别大的遗憾。

史蒂芬说,他已经教了20多年书,为花卉杂志工作了20多年,为世界上大多数最大的花卉公司和出口商工作,他非常清楚这个行业的未来是什么,如果中国的花卉产业不能迅速适应不断变化的市场形势,75%以上的花店有可能在未来十年消失。这是一个非常负面的黑色预言。当然,有一些花店是有光明前景的,那就是拥有受过良好花艺教育的员工的花店,除此之外,还需要对整个产业有更深入的了解,对运营管理有更专业化的认知。

"只要爱花就足以经营花店的时代已经过去了,我们面临的最大问题是,如何应对不断变化的市场,用何种方式面对未来的挑战!"这是史蒂芬对行业最殷切的寄语。

左页 河中央卷曲的叶子
右页左 黄色的花爬上山脉
右页右 河石夹着草球在倾倒的树干上

研习百种『撒』传承东方美
——访东方撒艺创始人张超

在中国传统插花的诸多风格流派中，东方撒艺独以『技巧』入门——用东方插花独有的做撒技法，引领研习者进入东方审美的自然、沉静之中。撒艺，看似一门技术，却是一种精神。将一门在上世纪九十年代少有人知的插花技艺，研习到今天一百多种规格形式，可在以六大传统容器为代表的传统插花灵活变化造型，这是东方撒艺创始人张超，对于传统插花的传承与发扬。

撰文／霍丽洁　图片／东方撒艺

入行伊始 对"撒"情有独钟

张超是东北哈尔滨人,从小喜欢花花草草,上学后就开始接触绘画。

毕业后,他在家乡的美术厂上班,专攻各种花鸟虫鱼的工艺美术设计,对于花草的美学,也形成了一些基本的认知。

1986年,因为工厂倒闭,他在家乡开了一家花店,经常买一些插花书籍来钻研。一个偶然的机会,他看到北京林业大学王莲英教授的一本插花书,被深深地震撼了,用他的话说"这才初步了解了插花艺术的博大精深"。

1999年,决心在插花事业上有一番作为的张超,来到北京林业大学拜王莲英教授和秦魁杰教授为师,开始系统学习传统插花。"通过几年的学习,感觉中国传统插花艺术发展不容乐观,能静下心来挖掘这门古老艺术的人太少,而老一辈插花艺术家也迫切希望,将这门艺术在年轻人中间传承下去。"

其中,东方插花独有的,也是极具东方文化色彩的撒艺,就是被忽略的重要技艺之一。

张超第一次见到撒的记载,是在明清时期李渔的《闲情偶寄》上:

"有一种倔强花枝,不肯听人指使,我欲置左,彼偏向右,我欲使仰,彼偏好垂,须用一物制之。所谓撒也,以坚木为之,大小其形,勿拘一格,其中则或扁或方,或为三角,但须圆形其外,以便合瓶。此物多备数十,以俟相机取用。总之不费一钱,与桌撒一同拾取,弃于彼者,复收于此。斯编一出,世间宁复有弃物乎?"——节选自李渔《闲情偶寄-器玩部-炉瓶》

再查找现代学者复原的撒和一些造型图示,他对撒可谓一见倾心了!"与花泥、剑山相比,撒具有很多优点,比如精巧、易获得、环保、与花视觉融合等。"张超说。

潜心撒艺 从中窥见传统精神

在北京插花艺术研究会学习期间,张超发现,国外花艺师可以熟练使用试管技术,而国内花艺师对撒并不熟练,他想,我们应该挖掘自己的技术。2006年,张超创办了东方撒艺。

东方的意思是"东方式插花",撒艺就是传统插花中的特色技法"撒"。为什么要从技术切入传统插花研究呢?原因有三。

第一,撒是中国特有的一种创作技艺,是传统插花非物质文化遗产的一部分;第二,撒能完美地融入到传统插花作品中,与作品相得益彰;第三,撒符合时代精神,符合环保要求,符合人们对古老技艺的追求。

因为张超踏实和执着,到今天,东方撒艺已经可以传授一百多种撒艺形式,其中有不少是张超所独创。比如竹筒撒,它是用竹片绑扎成星形或莲花形,把1-9个竹筒固定在中间。筒中可以插花,并且能够很容易实现"起把宜紧,瓶口宜清"的理念。特别适用于碗花,缸花。除此之外,对于其它具有传承的撒艺也研习颇多,比如拱桥撒,特别适用于盘花。它是利用枝条天然的韧性、弹性,两端抵住容器壁,且两端均留有开口,这样可以把花材固定在容器两端,中间撒枝,形似拱桥;立体十字撒。它是在筒的底部制作一个十字撒,顶部再制作一个十字撒,两个十字撒之间用竖枝连接,这样花材就得到最大程度的固定。

"很多人以为只有学传统插花到一定程度,才能接触撒这门较难的技术,但我认为,如果一开始插花就学习做撒,而不是在花泥上插插拔拔,可能你插花的心境会更沉淀,你对造型的理解能更深入。"张超说。

花中有画 东方美感一脉相承

观张超的作品，在撒艺的纯熟技巧之外，总有几分传统国画的风韵和美感。典型的中国风插花，让他作为非物质文化遗产传承人，代表中国进行了多次出国访问交流。

"我自己小时候学过国画。在插花的实践中，从国画理论和创作中得到了很多启发。本来，插花的创作、欣赏，很大程度上来源于绘画的审美标准。比如绘画中讲"先有骨，后有肉""近大远小"等理论，用来指导传统插花，会大大提升插花作品的艺术美感。"对国画的学习，张超至今仍未中断。他坚持每月去中国美院学花鸟画。"我们要借鉴大美的东西，音乐、绘画、雕塑里，都能找到，插花要融入更多的艺术。

厚积薄发，是张超所追求的境界。"掌握一技之长，应对千变万化。插花要就地取材，生活化，不能太阳春白雪"。他每到一个城市插花，都会挑战自己，用不同容器，不同技法，而绝不重复。

提到传统插花的学习，他用了"严肃"这个词，他建议，如果热爱传统插花，在最开始就该大量观摩权威史料和大师作品，明确传统插花的历史与发展脉络。思考、辨别，积累印象素材，只有打下良好的基础，插花之路才能走得顺畅、快速。

许晓瑛,曾经干练的企业管理人,
2011年放慢脚步莳花弄草。
她把园艺看做是放松,是修行。
2016年,无意之中接触到了压花,
便开始了与压花的不解之缘。
因为爱,因为好奇,所以花很多心思去研究压花,
压花艺术也格外青睐这位知己。
2018年,她的作品在美国费城国际压花艺术比赛中获奖,
2019年,作品《沁人心脾》获得
2019美国费城国际压花艺术比赛金奖。
与此同时,作品《纪念嬉皮士》获得第三名。
短暂的学习经历,就让自己走到了行业顶尖的位置,
但许晓瑛却不急于走进市场,不急于企业合作,
只是希望能够——

好好沉淀,
思考压花艺术到底是什么

编辑/邹爱　图片/许晓瑛

Q：您是怎么接触到压花艺术的？

A：我以前有一些工作上的合作伙伴是外国人，他们经常会带给我一些压花贺卡，我很喜欢。后来我想从快节奏的工作中抽身休息一段时间，开始养花莳草，在阳光房里种一些比较容易活的花，慢慢地开遍了阳光房。后来又把这些花移到公司的院子里。种的这些花，完全可以用来压花。于是我试着将压花作为一个项目来研究，起初给自己设定三年时间。刚开始就是从网络上搜寻压花艺术的相关图书等学习资料，后来联系上了国际压花协会，才正式系统化地学习压花艺术。直到考取国际压花协会中国地区压花艺术讲师资格，一直没有停止学习的脚步。

Q：艺术创作需要灵感，您通过什么途径来寻找灵感？

A：平时我去一些大的博物馆、美术馆去看各种作品，比如英国的英格兰和苏格兰各大博物馆、建筑，到英国的花园和乡村找寻灵感。日常生活中，除了压花技能研究之外，最多的是学习美术常识和东西方艺术，比如近期学习的宋画工笔画等。我不是要做一个作品才去看什么东西，而是在日常生活的点滴积累起来，然后某一天我觉得突然有灵感了我去做一个什么作品。

目前我创作的压花艺术画比较多。比如今年获得金奖的作品——中式风格的牡丹仕女图：我希望能把中国的文化用压花的形式表达出来。我个人

左页 作品《我们的后花园》
右页上 压花贺卡
右页下 压花本子

压花吊坠

压花门牌

不太喜欢做一些小作品，比如贺卡、蜡烛、杯子等。虽然可以给人带来新鲜感，但是艺术生命太短暂了，好比威尼斯画派，不过这适合推广阶段。因为密封的方式不一样，它的保鲜最多3个月到半年的时间，原来的花色就褪了。但是压花画保存的时间比较长，好的工艺可以保持10年以上。

Q：作品获奖后，对您的规划有什么影响吗？

A：刚开始接触压花，我没想太多。自从我第一个作品《鹤舞莲》在2018年获得"二等奖"奖后，我有了些信心，也决心要好好学，设计一些比较能让人接受的作品，让大家知道有这么一种艺术的存在，在这个过程中慢慢的了解市场。之后我可能会做一个市场推广的调研，做一个小范围的会员制，然后用公众号去做线上的课程，但不会盲目地推出去。首先还是要培养市场，多做一些公益的活动。到目前为止我还没想过要通过压花挣多少钱，我就想专注去把我的一些理念实践好，把技艺水平进一步提高。

Q：您刚才谈到实践自己的压花理念，您的压花理念是什么？

A：我希望中国的压花艺术，她是独特的，她不是十字绣只会在描有图案的媒介上填补各色棉线；她也不是粘贴画把植物剪成碎片贴补在打印出来的图片上。我希望是以还原植物原始之美为初衷，比如说有美丽的花朵，美丽的原始枝条，用自身的美术基础勾勒出画面，有光影的变化，有三维立体感，适当增加一些粘贴植物作为配饰等。作品充分体现出大自然与人类对话的疗愈功能。今后，这就是我努力的方向。

Q：如果把花艺作为一个事业，还是需要走入市场的，培养市场和公益活动，两者之间有什么联系么？

A：我注册了一个公益组织，目的就是扩大压花艺术在大众中的认知度，同时也可以看看市场的反应。我曾经做过一个学校的公益压花讲座，发现学生对这个特别感兴趣。我只提供一些压好的干燥花材，不需要任何基础，只是一朵花，他们都能马上做成一张漂亮的贺卡。不像学习画画、书法刚开始时候的枯燥，我还只是打开压好的干燥花时，学生们就惊呆了。

三八节的时候，我在宁波首次针对年轻的女性推出压花体验活动，她们对这个也很感兴趣。

今年5月初，在宁波植物园，我做过两场调研性质的体验活动。我并没有提前招募，只是租了一间教室，放了一些作品，然后游客们陆陆续续进来，一张书签在20元，有很多家长带着孩子一起体验制作。从早上9点开始到傍晚5点还收不了场。这个反响令人非常意外。

所以，压花受欢迎的程度还是蛮高的。但是至于怎么让他们一直喜欢下去，是接下来要思考的。

不久前，我注册了自己的品牌"沁芳亭"，也有一些机构要跟我长期合作，也有一些机构想把这个压花艺术带进校园，做成像国际象棋一样的兴趣爱好班等。我觉得时机还不够成熟。得再好好的沉淀一下，到底压花艺术是什么？对大众的生活会产生什么影响？不要太急于求成、一哄而上。

《纪念嬉皮士》获得第三名

作品分析（一）

作品《沁人心脾》，获得2019美国费城国际压花艺术比赛金奖，四组评委总分为400分，作品获得了396分的高分。

作品分析："高髻云鬟的中国传统仕女身着淡蓝色交领薄衫，微闭双眸，头微微低下，凑到眼前大朵芍药花前深深嗅着那沁人心脾的芍药花香，露出了一丝微笑。整个画面构图简单，花色选择也不复杂，但那浸透了古典气息贯穿了画内画外，仕女的耳边飘逸的碎发，花园的静籁和芍药舒展的花瓣，让人不自觉放慢呼吸，感受治愈的宁静。这也就紧扣美国费城比赛的命题——让人治愈的药用花卉，这个作品表达无疑做了最好诠释。"

美国费城国际压花比赛的规则：作品不能抄袭，作品不能是自己以前发表过的，材料不得使用濒危植物，不得使用非植物，不得使用颜料，不得使用破损的植物等。正因为种种规则限制了取材的局限性，更加要考验创作者的水平。

作品中，我用了补血菜做背景，暗紫色背景来衬托人物；粉色绣球花作为开花的树，呼应中式构图；芍药用花瓣一片一片还原组合成朵，姿态不一，颜色也不同，为了突显光影交错和画面层次；仕女脸部采用了不同颜色的玫瑰花瓣来呈现精致立体的五官；发际线和发髻，我采用了香蕉皮，这是我首次尝试使用，收到了意外之喜的效果，无论是头发纹路还是头发光影，都特别逼真。

作品特点： 风格自成一体：压花艺术中式工笔画。

作品《沁人心脾》，获得2019美国费城国际压花艺术比赛金奖，四组评委总分为400分，而这个作品却获得了396分的高分。

作品分析（二）

作品名《早春花园盆栽》
作品规格：42×52cm
风格：油画
工艺：抽真空密封装裱，防紫外线膜
创作时间：2019.02

作品描述： 早春二月的花园，草花未萌，球根先醒，虽没有百花迷眼的盛况，但大地开始复苏。记得我的小院里，在头一年的入秋，会陆续种满球根植物：圣诞玫瑰、番红花、葡萄风信子、鸢尾、郁金香等。在年末春初时，这些球根花儿，如同精灵一样，鳞次栉比来花园里光顾，每每步入小院，我都会有一种满满的成就感，有时候蹲下来观察她们久久都不愿离开。于是乎，我在我的三楼天台，种下了这盆热闹非凡的球根盆栽。我对其情有独钟，她是大自然赐予勤劳的园丁最纯洁的礼物，她也是带着光环的希翼天使，足以温暖严冬的天荒地老。

作品设计： 在整个画面里，我选用了两种颜色九朵郁金香为主要花材，浅绿色的圣诞玫瑰陪伴，高高的郁金香和低矮的圣诞玫瑰、黑种草遥相呼应，平衡了作品主题花材的分布。在间隙处，用线条鼠尾草来拉开了层次感并能给画面带来灵动的气息。香雪球、垂直下落的枝条和细叶强调了作品的飘逸之美。最显眼处，还有三朵白色玛格丽特，试着给作品增添些许早春的小清新以平衡冬日的寂寥。花盆的材料是百合花的枯叶。同样，我用了花材的颜色、姿态以及背景的颜色变化来表达光影和层次，三维立体感油然而生。此类野外静物画，我主张西洋油画风。希望站在画前的你，也能感受到。

2 设计
Design

華·苑 | 如花在野 | 婚礼故事—秋之华 | 一场夏末初秋的生日聚会 | 星河

華·苑

华：华夏文明,亦为花!

苑：亦圆亦院!

整体设计融中式韵味于庭院空间,在横、竖、方、圆间展示美学的生之须臾、靜定之美。

古人云：流光千年印古意,四壁浮影悟中采,袅袅熏香絮絮绕,仟玺意境自然来……

设计 / 程新宗　文图 / 胡月

创作背景

这个作品是北京市花木集团举办的北京嘉年华花艺软装比赛作品。比赛要求是用"花+"的形式进行室内软装。我们就想用花艺+茶的结合,进行一个茶室的设计。

作品名字叫做"崋苑",有花园的意思,也有中华文化荟萃之地的意思,故此运用大量中式园林的材料,如竹、松、荷花等。我们也融入很多传统的园林建筑构景手法,比如中式园林的借景、框景、对景等等,还有很多小细节的作品用来"点睛",如传统花艺作品,组合盆栽作品,中式园艺作品等等。通过大体布局、细节处理融合文化这种方式来体现设计理念。

设计构思

整个设计主要通过以下五大部分来体现。

一、茶桌 因为纯中式的茶桌设计年轻人往往不会喜欢,所以我们将桌子进行悬浮处理,为了更

Flowers & Green

荷花、苔藓、排草、鸟巢、铁线蕨、狼尾蕨、豆瓣黄杨、滴水观音、蒲草、莲蓬、海棠果、竹子

左页 苍劲的松枝自木窗中伸出,营造出中国古典园林的韵致
右页下 苔藓景观容器

茶席上的苔藓微景观

加稳固,留下一条桌腿。桌上铺了桌旗,桌旗上置了枯木景观以及组合盆栽景观。

茶桌上的植物我们选用了菖蒲、苔藓等东方传统材料。苔藓植物密集生长,植株之间的缝隙能够涵蓄水分,所以成片的苔藓植物对林地、山野的水土保持具有一定的作用。苔藓植物对二氧化硫等有毒气体十分敏感,在污染严重的城市和工厂附近很难生存。人们利用这个特点,把苔藓植物当作监测空气污染程度的指示植物。因此我们把苔藓放上餐桌的目的是想警醒大家:饮水思源,警钟长鸣。

二、屏风 整个空间有两个入口。我们在入口用镂空的屏风进行隔断,遮挡后面的景观。一棵苍劲有力的迎客松,自屏风木窗之中伸出,有迎客之意。其与瓶中枯枝相互映衬,相辅相成,颇有几分禅意。用禅意来设计空间,旨在宣扬宁静致远,质朴无暇,回归生活本真。用色调简洁、单一素雅的中性色调打造禅意空间,形成朴素自然、简洁淡雅的灵魂栖息之地,同时营造一种温馨、亲切的环境氛围,感受环境所营造的闲适写意、悠然自得的生活禅意。

三、四周隔挡 我们用芦苇编织成的草席作为空间的其他隔挡,使所有景观若隐若现,仿若置身山间农舍、田间旷野、渔村海边,整个空间是沉稳安静的格调。

四、上方的吊顶 为了遮住原来的塑料顶棚,我们用三层设计来实现。第一层全是用的果木枝条,有原木的和去皮的,充分体现自然原生态的美;第二层用的木片茅草做成屋顶的形状;第三层是用木片做成的吊灯。虽设计元素全取自于大自然,陈列却丝毫没有堆积、纷杂凌乱之感,反而皆有章法可言,细枝末节皆是用心打理。

程新宗团队

如 花 在 野

—— 在浪漫的秋天嫁给你

摄影 /@ 芮乔
策划 /@IEVENT 婚礼策划
场地 /@ 裸心谷
花艺 /@ 花间小筑

在一个秋天的明媚早晨，
找到一片鲜花烂漫的地方，
大口大口地呼吸着花香，
这样的幸福感确实是真实存在的。
有人说，插花要精致文雅，要修身养性。
但是，日本茶道大师千利休却说：
"如花在野。"
——花，就是要插得如同在原野中绽放啊！
花艺师亚红用心观察大自然里花草生长的状态，
将花插出"在野"的神韵。

编辑 / 石艳　**图片** / 花间小筑

Flowers & Green
孔雀草、紫罗兰、情人草、蝴蝶兰、尤加利、枫叶、黄栌、大丽花、暖色调玫瑰、龙胆、绣球等

左页 郁郁葱葱的树木、花草茂盛，仿佛就是自然生长在草坪上的一簇簇花草、植物，相呼应的拱门，缓缓的走进宛如花园般的婚礼
右页 秋色主题的甜品台，摆满了精致的蛋糕点心，耐品又忍不住去回味

　　这场婚礼喜欢的新娘特别多，整体设计来自于策划团队@IEVENT婚礼策划。新郎新娘希望婚礼是在犹如自己家的后花园里一样的氛围里举行的，让所有的宾客都能够享受和喜欢。

　　为了更加符合这个季节的调性，我选了很多果实类的枝材，比如忍冬、蔷薇、石榴等，它们和其他花材搭配起来，更有质感和细节。过程很辛苦。婚礼场地在莫干山的裸心谷，中间要走很陡的山路。但是场地太美了，它本身就有灵魂，有气场，我们要做的，就是把这些花花草草融入进去。花园，就像长在那的，花拱门的花材，就像来自四周的山野。室内的新娘房花，优雅又有法式乡村的质感。

　　我们想呈现花草本来的美，可以说是自然流派。希望花草和环境相得益彰。因为是湖州的秋天，所以在配色上面，用了很多秋色，即暖色系，在橘色、咖色、黄色的基础上，加入了低饱和度的灰色、褐色，以及大面积的白色，避免太过温暖耀眼。花材很多都是常见的花草，掌握好了叶材的选择和比例，并用成团成组的方式，体现山间河谷那种花草的美感。

　　时隔这么久，每次看到这些美丽的景色，都忘不了那些美丽的花，她们经过我的手，开在了那么美的山野，那么幸福的时刻。

左页上 夜晚,在灯光、各种烛光装饰下,婚礼显得更是复古浪漫
左页下左 草坪上的甜品台是一抹复古的秋色
左页下右 橙色系婚礼胸花
右页 花"艺"盎然,秋色满瓶,秋染红了一片枝头的果子、花草,点缀得更是丰满,这是爱的硕果……

婚礼故事

秋之华

一般她会说"哼",
我会接"哈"。
然后莫名的一块儿唱起:是谁……
但是下面就不一定是什么了。
可能是:在敲打我窗;
或者是:把你带到我身边。
然后就一块儿笑。

摄影 / @ 鹿岛影像
策划 / @ PUMPKIN 南瓜马车婚礼光光
场地 / @ 燕西台
花艺 / @ 香榭森丽花艺设计
布置费用 / 6.5 万

编辑 / 赵芳儿　**图片** / 香榭森丽花艺设计

飘雪伴你的初见，24个节气的春夏流转。终于在2019年的这一天，迎来了爱情丰硕的成果，春日生发，夏季躁动，冬季清冷，而秋，意味着收获。这场婚礼，因为它从开始走到最后的勇气，我为它命名《秋之华》，因此在整场婚礼的色彩基调上，我们选择了秋色系。搭配了南瓜、苹果、车厘子等果实。新娘曾经对新郎说：想想以后能和你结婚就很开心。

他们经常哼唱的"是谁在敲打我窗"这句歌词，我们就在婚礼主元素的选择上，选择了"窗"这个元素，它意味着两个人在一起的欢乐时光和关于家的温暖憧憬。木制窗框的选择是希望整场婚礼有温馨柔和的意味，窗户的颜色也是选择了酒红，暖橙色和黄色，以增强秋的氛围。

迎宾区的咖啡车,可以为宾客提供现调的饮品,增强互动。也成为现场布置中一道靓丽的风景

在迎宾区的设计中，考虑到是盛夏的户外，所以我们希望有咖啡车的互动，现场可以提供现调的饮品，可以更好的照顾婚礼中宾客们的感受。因此我们也选择了红黄色系的咖啡车，在鲜花的簇拥中，成为特别的景象。

Tips

花材种类 / 粉小丽，粉蝴蝶，橘多头泡泡，德鲁克斯，猫眼小菊，红小菊，秋果实，新娘玫瑰，进口酒红掌
叶材 / 尤加利，紫叶李，小米果叶，小手球叶，八角叶，进口苹果叶。
仿真花 / 橘色虞美人，石榴

婚礼主元素选择了『窗』，因为新人在一起经常哼唱的那句：『是谁在敲打我窗』

新人在充满石榴、南瓜、月季等橙红色系的秋季场景中,进行一生相守烂漫约定

结语

  婚礼之所以会不一样,因为主角不一样,他们经历的,感受到的和正在穿越的,都是属于他们自己的风景,每一场婚礼的设计,每一朵花的选择皆因为:"你是独一无二的,你们的爱情是无法复刻的。"所以,我们认真的对待每一场婚礼,因为,你只是你。也许生活,不能让每一个女孩永远的做一个公主,但是南瓜马车,让你在婚礼那天成为最可爱的公主。

一场夏末初秋的生日聚会

简约日式风格生日桌花。橙黄色是秋天最美的色调,花艺师遵循了自己的内心。

编辑／石艳　图片／半日花房

包间角落里用秋日红果瓶花简单装饰,来平衡整个空间

这是一场我个人非常喜欢的餐厅桌花布置，客人找到我的时候，说她要在一个日式餐厅过生日，想要比较简约偏日式风格的花艺设计。看到餐厅的整体环境后，我第一个想到的便是竹子元素。

橙黄色系可以和餐厅的整体色调相呼应，而客人的生日正值夏末初秋时节，橙黄色系也是再适合不过了。在花材的选择上，客人的唯一期望便是要用一些不常见的花材。

因为是晚餐，我帮客人准备了很多茶蜡，为了让蜡烛更能融入到整个桌花中，我将竹子锯成小环状套在茶蜡外面，还能起到遮挡茶蜡简陋外表的作用。

在设计时，要求整个作品具有通透感，不能太满也不能太少。对花材的处理、插入的高度及角度，相比自然风的插花都更为严苛，要确保每一支花都在正确的位置。而制作的速度也相比自然风插花慢了许多，但却更让我静下心来享受其中。而最终我希望呈现出的是，当客人进到餐厅后，会一眼看到好看的桌花。当客人坐下来用餐时，也可以被桌花中的一些新奇的却不那么显眼的小细节吸引。

在整个包间里，如果只有桌花一个鲜花元素，便有些不平衡。为了让空间更完整，我还准备了一些非常具有秋日感的小果子来装饰包间角落。而在包间的餐台上制作了一款用竹筒作为花器的桌花。

这一次的布置，从一开始与客人沟通到花材采购，再到制作的过程都非常顺利且令人感到开心。这个案例中也用到了架构，也坚定了我在商业项目中推广架构的决心。

Flowers & Green
竹子、马蹄莲、白花虎眼万年青、商陆、桔梗

线条营造出的通透又充满质感的空间效果

花艺目客 | 65

星河

摄影／@马儿
策划／@成都秋拾花艺培训

设计／李丹
图片／成都秋拾花艺培训

一到临近秋天，就会想要卸下满身的疲惫，放松身心，比如躺在布满繁星的星空之下，翘首期盼着据说那可以实现梦想的流星划过……

 这是一场包含梦想与现实的宴会设计，空中悬挂的就是虚无缥缈但又灿烂诱人的星空，桌面像是奋斗过后终尝丰收果实的踏实成就。

 悬挂花艺部分大量地使用了百万星和栾树花，这两种材料加在一起，有一种虚与实的完美结合。纤弱的百万星攀援着一枝指向天际的主干生长，遒劲的栾树像是挣脱了束缚，张牙舞爪地往外吐露着。

 桌面大量使用了色彩较鲜艳的花艺，不管是待熟的辣椒、枝条柔软的郁金香，以及如娇阳的玫瑰，都给人呈现了一桌色彩娇艳的景色。桌花的设计加入了一层层的kt板，俯瞰时就像一个个小窗子，灵动趣味。

 色系以秋色为主题，所以入眼可见大面积的橙色。间次加以浅紫、柠檬黄、浅粉做辅助色，最后再加入大量的中性色——白色作为他们之间的调和，而使整个作品显得丰润多彩但不繁琐艳俗。

 生活中需要花艺进行点缀，宴会花艺更是能完美地融入大家的日常生活。仪式感是现代人越来越注重的，求婚、表白、过生日，这场布置均能胜任。

百万星与栾树花的结合，呈现了虚与实的感觉

小空间花植设计

左页 复古小圆桌
右页 壁橱上摆满了高矮不一装饰物，橙黄色暖色调花朵谱写秋天乐章，树枝拱门传递出原始古朴味道 右浓绿的仙人掌盆栽，远远望去一片绿意盎然

　　一个简约的复古花植造景。壁橱和座板全手工制作，拱门也是由树枝组合搭建起来。橙黄色暖色调，搭配了一些精致复古的小摆件，这样的时光适合悠闲的午后，静谧的时光，使我想起了一句话。
　　"树叶一片片地飘落，颜色也渐渐变灰变棕。我看见无数银装素裹的树，就像从童话故事走出来似的。我会数着时间，每一时，每一分，每一秒，直到拥你入怀。"

——《绿皮书》

编辑／石艳　设计／Kylie
图片／Memory forest 记忆森林花艺工作室

　　小空间花艺设计造景结合室内家具打造，桌椅、壁橱等，精致独特又充满着生活气息

精致装饰物

　　壁橱上摆满了装饰物，盆栽、书籍、器皿，高高低低，层次感非常强。复古小圆桌很吸引眼球，同色系波萝、精致的蜡烛装饰让设计充满了生活气息。这款小空间花艺设计造景结合室内家具、桌椅、壁橱等，精致独特又充满着生活气息。

浪漫树枝拱门

　　拱门也是由树枝组合搭建起来，树枝形状各异，高矮不同，造型各异的树枝组合在一起，可以让供门看起来更别致、更精致，壁柜里的花朵相得益彰，橙黄色暖色调的花朵搭配复古风小桌子，别有情趣。这样的一组精致的空间花艺设计，下午茶、朋友聚会都是不错选择。

秋日圆形新娘手捧花

【架构制作】

设计有时候是由材料驱动的,例如这个新娘手捧。刚好手头上有木头的刨丝,就想到做一个有蓬松感、轻盈又通透感的手捧架构。形式虽然简单,靠材料突出其特别之处。架构做好后,整体喷上一层金色漆。

【加花要点】

在花材选择上,考虑木丝交错缠绕的线条效果,不宜采用体量太大的花材,决定用一些偏小巧的:翠菊,几种小多肉,虎眼万年青,星芹,重瓣蜡梅,拆解的鸡冠花……

高低错落分布,小小的平面也做出一点纵深感。

最后点缀毛茸茸的松萝,加强蓬松感。整体看起来既跳跃又不失安静,像清冷的高山草甸,又藏着些许秋意。

设计 / 花艺学院派 - 木木
图片 / 广州林剑与爱莉森摄影师工作室

粉色波浪形新娘手捧花

这个作品的灵感来源于油画。根据大小、色彩、光源的观察,找寻物体的固有色、光源色、环境色的生成关系,用色彩塑造体积感、质感和空间感。

设计／花艺学院派－木木
图片／广州林剑与爱莉森摄影师工作室

【架构设计】

粉嫩的新娘架构花束。架构为了增加一点难度和变化,设计成起伏的波浪形,外圈塞满小朵的梦幻纸,刷一点金色,有点少女蓬蓬裙的感觉。

【加花要点】

内圈是螺旋花束,花材的选择上可以有多种可能性,可以撞色也可以和架构色彩融合,我选择了后者。

在质感上配合梦幻纸小细碎的感觉而使用了翠菊,蜡梅,天鹅绒,星芹,白倍子等小多头花材,再用较大体量的玫瑰,康乃馨,蝴蝶兰平衡视觉。

新娘手捧除了颜值讲究,还必须考虑控制体量和重量,这个架构花束体量比一般的新娘手捧稍大,但因为纸材料的关系,整个拿在手上依然很轻便,风格也清新活泼,很适合有颗少女心的高挑新娘。

秋月形新娘手捧花

【架构设计】

　　这个手捧造型很通俗。搭好结构之后，最初的想法是填出一个月牙，布满花，添一点垂挂的线，也挺美，只是不够特别。

　　最后选择也用木丝填充，结果做出了一个鸟巢。设计有时候无关好坏，把特点强调再强调，就会令人印象深刻。

【加花要点】

　　所以加花时就力求使这个巢有内容有故事。以泛金色的小段莎草打底，呼应喷成香槟金色的木丝，再饰以小多肉（钱串）和星芹。主花用绿鹰嘴郁金香并列堆积在巢中央，像一只只嗷嗷待哺的小鸟，再点缀一棵空气凤梨小章鱼，破掉几个大块状整齐排列的呆板。整个作品依靠很少量花材的表现便趣味盎然，清新脱俗。

设计／花艺学院派－木木
图片／广州林剑与爱莉森摄影师工作室

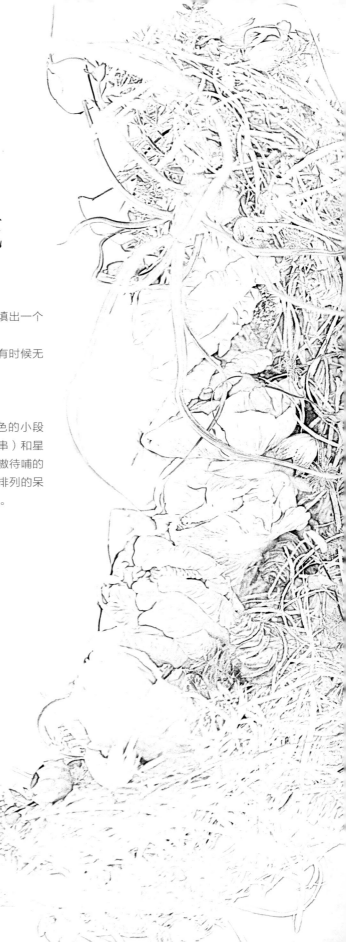

麦田里的守望者
元也花艺 × EIN

"有那么一群小孩子在一大块麦田里做游戏。几千几万个小孩子，附近没有一个人——没有一个大人，我是说——除了我。我呢，就在那混帐的悬崖边。我的职务是在那儿守望，要是有哪个孩子往悬崖边奔来，我就把他捉住——我是说孩子们都在狂奔，也不知道自己是在往哪儿跑。我得从什么地方出来，把他们捉住。我整天就干这样的事。我只想当个麦田里的守望者。"

——《麦田里的守望者》

编辑 / 袁理　**设计** / 夏生　**图片** / 元也花艺

就像书中的主角一样,每个人心中都有一个逃离城市,回归田间质朴的梦。想象里还有暖暖的阳光和穿过麦田,河边轻轻摇摆的芦苇。

　　这正是与"回归质朴的奢华"——EIN倡导的生活理念类似。EIN邀请元也花艺,指定以"麦"为元素,在福建厦门SM城市广场店诠释他们的秋季新品。

　　麦和芦苇的标志性触觉与EIN爱用的棉麻质地十分协调且高级,设计师还选用了泛黄的麦和发白的芦苇与本季天青色和大地色系的服装形成类似和对比配色,一种在野的闲适味道,油然而生。

　　作为一次成功的商业设计,设计师抓住了适合这次设计的核心点——花植不再是这个空间里的主角,而是以品牌文化烘托者出现。这意味着,随着购衣客人的行走和视野的变化,空间和角度的转变,花植元素的每一次出现都要为主角即商品加分。

以"麦"为元素的橱窗设计

挂衣上的草环重复排列强调主角

捆扎的麦穗点缀下摆到地区域

把握住宏观微观，这里有总体设计的统一制定，比如挂衣上的草环重复排列强调主角，一丛丛捆扎的麦束四处点缀填充下摆到地区域。最有趣的是，这里不再需要瓶器的衬托，每一个看似"花束"的小花艺都采用的是梵高《麦田收割者》的笔触那般放射状蔓延开的构架模式，自由又活泼。而且根据每个区域的划分，设计上都做了细微的变化。例如橱窗里麦子和芦苇形成的"麦浪"是招牌亮点；店面中心处四散开的大簇麦令人定睛秋季的主打商品；深色系，走沉稳风格的衣裙区域需要麦色硫酸纸给予透气感；墙上的布兜里还装着一束欧洲蓝盆花的果实，分割了一墙的天青色系成衣，自然地像是主人家随手挂的。

没有复杂的花材样式，也没有采用昂贵的进口花材。这次的空间设计花植不是主角却拿到了设计上的满分。不是繁复色彩，不是昂贵花材，甚至不是精巧构架，设计不以任何为束缚，不被任何定义，好的设计应该是需要我们更多的思考，以精准的需求定义、以宏观到细节的完美呈现，去复杂化，以本真打动人心，"回归质朴的奢华"。

秋实餐桌花

花艺设计 / 赤子
摄　影 / 林剑与爱莉森摄影师工作室

设计这个餐桌花之前,我想表达"秋"这个主题。

主题："秋"是什么？

遇到这个问题的时候，也许会在我们的脑海里呈现一幅画面。大树开始飘散着落叶，遍地金黄色的麦穗，沉甸甸的果实，以及丰收喜悦的笑容。而作为花艺师的我，则是需要在餐桌这个特定的空间里营造出"秋"的意象。

设计关键词：果实、落叶、黄色、篮子形状容器。

架构制作：首先制作一个"秋"的容器，让观众耳目一新。

利用钉贴的技巧，在白色容器表面用银叶菊打造一层"落叶"的纹路肌理。让叶子的元素反复出现在整个容器上，可以看到叶子不同的存在形式。

加花要点：每个花艺作品的灵魂便是加入各姿态的花材。这里我紧紧围绕着以"色彩"给人的直观感受来表达"秋"的意象。选取的花材包括：菊、大丽花、国产玫瑰、蔷薇果、海棠果、观赏辣椒等花材。花材的色彩分布在黄、橙、红之间，以交错、高低不一的方式安排在整个花器里。作品并没有使用过多的花材，而是使用了大量的观果植物。不仅仅是为了渲染秋天丰收的氛围，更是为该作品带来了一定的趣味性，并且节省了一定的预算。

整体造型：该餐桌花的整体造型设计，运用了"调和"的手法，将形状、色彩相近的物件组合在一起。由于他们的构成要素相似，从而整体产生相融的视觉感。

应用：可以应用到家庭或是朋友聚会。来参加聚会的不仅是大人，也有孩子。这将构成一场轻松、欢乐、收获的画面。如果可以用普通的材料做出不一样的作品，并较为广泛地运用到生活，这就是本人一直探索的方向。希望此类"有温度的设计"可以为我们的生活增创造更多的惊喜。

Flowers & Green

蝴蝶兰、木绣球、大花飞燕草、郁金香

How to make

❶ 用刀具将泡沫球的边缘切成不规则形状,遮盖住整个半球的边缘。
❷ 从边缘开始用大头钉固定叶片,不规则状并且呈鱼鳞状遮住上一片叶梗。
❸ 将整个泡沫球底部也钉满银叶菊,银叶菊需平整服贴于整个泡沫半球。
❹ 在球体的空心部分装好花泥。架构部分制作完毕。

3 基础
Basic

橙黄色花蓝插花 | 宁静的欢愉 | 细听时光呓语 | 末路花田 | 直立平行型装饰画

橙黄色花篮插花

爱上秋天，恋一座城，散落漫天的梦。白衣飘飘的年华里，与君同；花开花落的人生里，与君老。细水流年间，讲一个苍老的故事……

运用了橙色拉丝太阳花，黄蝴蝶、马蹄莲，跳舞兰，深浅各色的橙黄色花材，凸显了丰硕的秋。

设计／Kylie
图片／Memory forest 记忆森林花艺工作室

Flowers & Green
太阳花、黄蝴蝶、马蹄莲、跳舞兰等

设计／Kylie
图片／Memory forest 记忆森林花艺工作室

乡村复古秋色桌花

英国乡村复古色的桌花，色彩斑斓又柔美，错落有致。许多花材直接来源于路边的花花草草。

Flowers & Green
多头大阿米芹、花园玫瑰、单瓣花毛茛、重瓣花毛茛、蛇纹贝母等

宁静的欢愉

阳光明媚的下午，挑一个复古铜制花器，在这个小丽花盛放的季节，随心所欲地玩玩花。先用线条感比较强的叶材把桌花的整体框架勾勒出来，高高低低的小丽花营造作品的层次感。为了让画面更添灵动感，搭配了地榆、狼尾草、大阿米芹等比较轻盈的花材。由于主体花材色彩偏奶油色，点缀两三朵暗调小丽花，桌花的视觉冲击力更强。

Flowers & Green
小丽花、大阿米芹、地榆、狼尾草、月季

设计／33子
图片／APRÈS-MIDI

设计／33子
图片／APRÈS-MIDI

细听时光呓语

　　古典优雅的奥斯汀玫瑰是这款桌花的主要设计主题,低饱和度的色调搭配暗红的海棠果,画面色彩十分具有高级感。再选用大阿米芹这样细碎的花材与团状玫瑰做一个鲜明的对比,作品的质感随之提升。桌面散落的海棠果洋溢着秋日硕果累累的喜悦感,让人忍不住对这样的秋更添一份暖甜的喜爱。

Flowers & Green
花园玫瑰、海棠果、大阿米芹

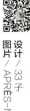

设计／33子
图片／APRÈS-MIDI

末路花田

  秋天的植物图书馆，虽然略显荒凉，但是将开败的玫瑰仍留存着一丝余韵，让人压抑不住内心的喜爱。温暖的复古色调花材烘托着浓重的秋意，甚是让人喜欢。路过一大片野草丛，发现姿态十分优美的黑水稻。那一支支饱满的稻穗弯着腰，在空气中漂浮着稻香。轻轻在草丛中剪下一抹秋，轻盈的野草和黑水稻搭配在桌花里，再加上深色系的风箱叶，更突出了玫瑰的质感，中和了秋天带给我们厚重的印象。

Flowers & Green
复古色玫瑰、野草、黑水稻、风箱叶、波斯菊、百日菊、银扇叶干花

圆弧形装饰画

　　弧形构图是单一配色，因为主体永生松果上的漆色是非常突出的，且它的色相是有一点点泛蓝，所以挑选了蓝色永生绣球，同样也是有点漆色质感的去做搭配，蓝色和白色之间也是用了不同视感的蓝色和白色植物去中和过渡，这幅作品整体更注重的是色彩和质感的表达 加上实木相框的加持，整幅作品会更厚重。会比较适合家居装饰，茶馆摆台都是很有质感的。

How to make

① 选择合适颜色卡纸，按框的尺寸裁剪，将贝壳片放置中间位置；
② 把绣球单个裁剪下来，按照贝壳的边缘轮廓铺出一个底色；
③ 用蕨叶和富贵竹叶把弧形的曲线做出来；
④ 在中间空白处加入贝克斯叶，相同素材不要相同高度，把主体松果放置在画面中心；
⑤ 在松果周边依次加入桑葚、十字果、珊瑚果、尤加利果，在加入过渡层次的同时也可以加入不同的色彩。加入贝壳，填补空间的同时加入质感的变化；
⑥ 最后在灰色底板上加入细节：散落的粘贴透明水晶。

Flowers & Green

相框、卡纸、贝壳片、富贵竹叶、尤加利果、桑葚果、贝克斯叶、蕨叶、百万星、珊瑚果、松果、僵尸果、绣球、贝壳、十字果

弧形装饰画

"花好月圆"是我们为中秋节创作的一副永生立体装饰画，作品是弧形构图，在圆弧形贝壳片周围用永生蕨叶，富贵叶类植物环绕包围，寓意是团团圆圆。我们整幅装饰画的色调都是用白色系，也是表达月亮颜色和光晕，整体画的构成近看是满月，远看是弯月，月有阴晴圆缺，无论怎样都是美好的。希望大家的生活被美好的一切所包围，这幅作品我们会把它更多的定义为礼品，可以做家居装饰，客厅卧室都可以。

How to make

① 按照相框的尺寸裁剪好合适颜色的卡纸，这里选择的是黑色底板纸；
② 用蕨叶和富贵竹叶在整个相框范围内粘出要的整个弧度，现定一个要设计的视觉中心点的大致范围；
③ 将白色贝壳片固定在第一步作出的弧度中心，固定主花；
④ 在主花周边加入银叶菊、高山羊齿、叶脉，把视觉中心点大色块铺足加层次；
⑤ 在主花周边加入钉螺、珊瑚果、亚麻籽等点线形态的材料；
⑥ 最后加入蘑菇果、鼠尾草填充空间，增加细节。

Flowers & Green

相框、卡纸、鼠尾草、银叶菊、绣球、贝壳片、富贵叶、蕨叶、百万星、珍珠、蓬莱松、高山羊齿、钉螺、珊瑚果、叶脉、蘑菇果、合成公主花

设计／仇琳　张宾
图片／九植植物手作花艺

Flowers & Green

相框、卡纸、钉螺、黄金球、风车果、虞美人果、水蜡烛叶、绣球、蕨叶、鼠尾草、麦秆菊、橡果、尤加利果、木百合叶、羊齿叶

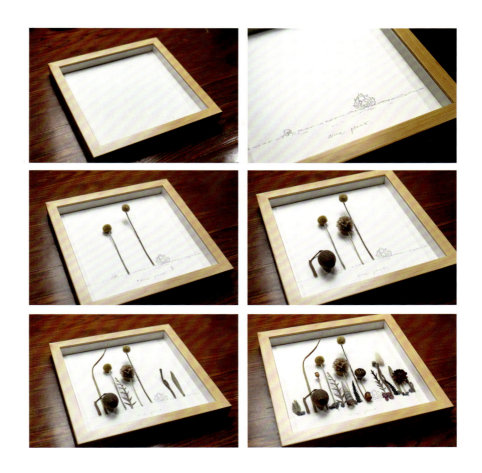

直立平行装饰画

"风之谷" 宫崎骏是我们非常喜欢的一位大师。他的风之谷我们更是看了很多遍，我们提取了其中的王虫形象做了一个主题形象，整幅画面也是直立平行构图。挑选的植物都是一些形态比较可爱、怪诞。质感比较厚重的放在下方，轻盈精致的放在上方，去表达了一个这样的植物生态环境。也非常适合家居装饰，或者当成送给小朋友，或者是我们这种热爱动画的大朋友做礼物也是可以的。

How to make

① 按照相框的尺寸裁剪好合适颜色的卡纸，这里选择到的是白色底板纸；

② 用铅笔绘画出底图、这里是想表现出一个地平线加一些动画形象；

③ 材料选择形态比较精致的黄金球、相同材料用不同长短做一个区分；

④ 加入僵尸果。僵尸果本身材质比较厚重，所以放置在画面下方；加入风车果，再选择加入一些形态各一又比较精致羊齿叶、水蜡烛叶、珊瑚果枝、木百合叶，然后加入黑色蕨叶、钉螺、麦秆蕨、鼠尾草。蕨叶虽然形态比较轻盈精致但颜色较重，所以放在画面中的下方；

⑤ 继续加入羊齿叶，大小形态和前面加入的来一点形态大小的区分，再加入橡果、尤加利果；

⑥ 最后丰富细节，加入虞美人果、绣球 。

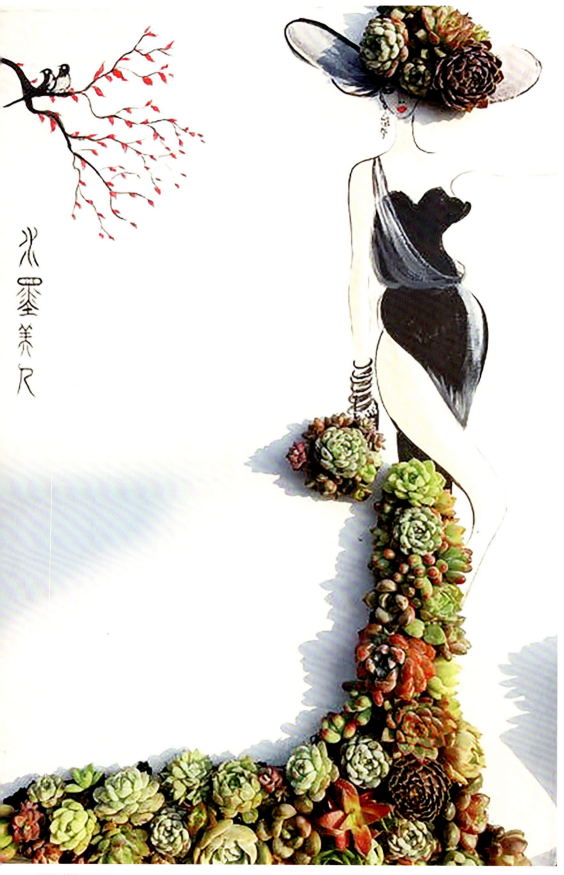

多肉植物创意玩法

设计／香香
图片／香香

　　多肉植物被称为"植物萌宠",单个盆栽、多种组合、老桩盆景、花束、饰品……多肉的粉丝们,想着法儿玩多肉。

　　最近,因为有了一种专门为种植多肉植物的基质——"香香多肉创意土"的出现,多肉植物又多了很多新的玩法。因为创意土能黏在载体上不散落,所以,肉肉可以和绘画相结合,做成各种各样的多肉植物画,还能种在小提琴、帽子、墙壁上,创意无限。

How to make
多肉植物创意土制作装饰画步骤

❶ 准备材料：创意土，花器，镊子剪刀，多肉植物，各种垫底石及装饰物。

❷ 在敞口容器中放入适量创意土，把创意土和水按照2：1的比例混合。

❸ 用手或者镊子轻轻搅拌，放置10-20分钟左右土开始拉丝有粘性。

❹ 将购买的多肉从容器中取出，去土修剪多余的根系。

❺ 修剪完后晾根1~2天。

❻ 准备花器。

❼ 在合适的位置放入创意土。

❽ 在中间位置种大棵多肉，然后用小个的多肉填充空隙。

❾ 刚种好的平放7天左右等土干变硬后就可以竖立或悬挂。

❿ 上房揭来的瓦片用丙烯颜料画个猫，在适当的位置放上创意土。

⓫ 按照设想的位置依次种上多肉，裸露的土壤可以用干苔藓覆盖。

⓬ 做好后平放7天左右等土干变硬后就可以立起来。

归期

秋色向着远方无限延伸，在黄昏落日的余辉里，掩藏着一片秋的浓意，就是翘首以盼的归期。

How to make

① 选择自己喜欢的花器，把花泥切好放在花器里，花泥要高出花器2-3厘米
② 用枝条固定好一个大概的插花方向
③ 将大的主花，枝条等有方向性的材质固定出整体的空间造型，包括左右、上下、前后的进深，花朵分布错落有致
④ 小的，看起来野趣的花朵丰富剩余空间；调整好花朵的状态，尤其是枝条走向有趣的花朵。整个作品就完成了

设计／曲艺
图片／沈阳扣扣奥啦花艺

Flowers & Green
红百合、郁金香、大丽花、菊花、红继木

4 探店
Discovery

几莳："当下即永恒" | 后花店时代，让你的空间有更多可能性

几莳:
"当下即永恒"

"当下即永恒",这是几莳的 slogan。我觉得很合适表达我们想传递给客人的理念,鲜花已逝,但美好的当下会永留记忆中!

——菁

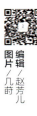

图片／赵芳儿　编辑／几时

爱花的朋友，如果去昆明繁华的商业中心（CBD），一定不要错过这家叫几时的花店——200多平方米的空间，弧形的落地窗，闹中取静的花园露台，简约的法式风格设计，不过于现代，也不过于古典，更不过于奢华；走进去，来一杯咖啡或者下午茶，让人觉得这里既雅致，又不至于离生活太远，真是轻松惬意。当然，你很可能还会在这里偶遇一场浪漫的求婚仪式，或是有趣的分享会，抑或是某个你喜欢的品牌活动……

半路出家，只因爱花

花店的主理人叫菁，一个并非专业出身，只因为爱花而半路出家的姑娘。"喜欢花，但真正让我想开店是一次偶然的机会，在一本杂志上看到了一个关于花艺的装置性的陈列，我才了解，原来鲜花还有这么多玩法"。一提到对花艺的第一次心动，菁描述起来依然兴奋。从此之后，她便搜索积累一些与花艺相关的资料，开始了花艺的学习。

刚开始涉及花艺业务只是工作之余的"玩票"——在微信朋友圈为朋友定制花礼。后来发现周边爱花的朋友还挺多，为什么不和大家一起来玩呢？于是，菁在一个写字楼里找了个空间，定期组织身边的朋友做花艺沙龙活动。"沙龙活动我们会预先设计一些主题，比如英式下午茶主题花艺沙龙，和大家分享英式下午茶的文化礼仪，一同制作花艺作品，布置一个维多利亚风格的餐桌；而新年的主题沙龙，我们以新年红为主题，现场布置了很多灯笼，制作红白色有兰花元素的作品，而着装要求也是红白色的衣服，大家一起来感受新年的氛围。"

慢慢的，这个兼职的女主理人和她的工作室，就在朋友圈传开了。越来越多的业务仅利用业余时间完全无法处理！索性辞职，专门做个店吧！于是，在昆明百盛商场旁的步行街，"几蒔"就这样随着女主人的梦想诞生了。

偏爱法式自然风，只为想呈现出花的自然灵气

在所有的花艺风格中，菁尤其喜欢法式自然风，她还专门去法国花艺学校学习自然风花艺，这也让她无论是店的装饰，还是花礼设计，都烙上了法式自然风的印记。

几蒔品牌发布花艺活动

"插作手法上会使线条还原植物真实的自然状态,
既优雅又有自己独特的个性,
在意每一支花都在表达自己当下的生命状态,
多使用草花,甚至一些不起眼的小花或野草,
以自由的方式呈现作品当下的情绪。"

"在我的理解里,法式花艺更在意情绪的表达,插作手法上会使线条还原植物真实的自然状态,既优雅又有自己独特的个性,在意每一支花都在表达自己当下的生命状态,多使用草花,甚至一些不起眼的小花或野草,以自由的方式呈现作品当下的情绪。线条形态或向上、或弯曲、或垂落;花朵的绽放程度也不尽相同,即使快凋谢的花,也经常被使用到作品里表现花草生命的某个阶段,而具有特别的美感。而风格时而野趣、时而华丽、时而自由、时而浪漫、时而优雅、时而忧郁……"菁这样理解她喜欢的法式自然风。

如果你去商场Shoping,碰巧遇见了"几莳",你也许会不自觉地驻足。因为无论是鲜花本身的品质,还是花材的搭配,都会让你觉得耳目一新。背后则是女主人尊重自然、追求植物自然生长的设计理念,贯彻着始终。

"大部分客人会在意花量和花头的大小,大量的叶材或草花是很难被所有客人接受的,所以我们的花礼会保留商业的客户需要并融入部分法式的风格元素,突出作品的情绪,但在花材的选择上,还是会避免使用太多草花或容易凋谢的花材"。菁这样来平衡客人的要求和整体的设计风格。陈列的花礼都充满着大自然的灵气,所以,即使价格比网上略贵,也会吸引那些追求品质生活的素质人群为此买单。

所有与花相关的，
都能在这里被相约相遇

仔细看几莳的花礼，你会发现选择有很多。除了零售的花礼，还有"每周一花"，如果你想要每天家里都充满花香，每周都换一次花样，就可以选择这"每周一花"，这也是几莳专门针对会员推出的产品；除此之外，每个月几莳都会推出主题花礼。今年8月当睡莲大量上市时，几莳的"莫奈"主题花束，就受到了很多热爱莫奈或者睡莲的客人的青睐。当然，几莳也可以根据你的需求定制只属于你自己花束。

几莳不过于追求一般花店都追求的节假日生意，菁说："平时的订单就还蛮多的，大家消费花的频次都在增加！"我想，女主理人真正在致力将传递花的美落实在每一天，将几莳的slogan落实在每一天，让每一刻几莳的"当下"，都变成客人"永恒"的记忆。

沙龙是"几莳"的传统项目，这一项目依然得以延续和发展。如今，除了几莳自主设计的各种沙龙活动，还有和各种机构一起合作举办沙龙。在鲜花簇拥的沙龙上，既可以探讨分享各种文化，还可以做一次花艺体验……

不一样的的设计风格也吸引着商场里的各大品牌、地产公司为其定制品牌活动、展位装饰等花艺布置。"位于商业中心，虽然店面租金贵，但是也占了地利的优势。"

几莳同时也在开展培训业务，作为国内第一批获得德国FDF和IHK认证的花艺师，菁将德国严谨的花艺培训体系和个人多年的花艺从业经验结合设计的花艺培训课程，为真正想要走入花艺行业的提供一个学习的平台，从基础到进阶，从商业到专业，从单品到空间，也许你就能从一个"小白"，成长为一个有自己态度的花艺师。

沙龙、花礼、花艺项目、花艺培训……好像所有与花相关的事儿，都可以在几莳被相约相遇。

"曾经的爱好变成了事业，'诗和远方'是不是也会蜕变成'柴米油盐'"？我问。

"美好蕴于平凡之中，能让"柴米油盐"增添花香也是人生所幸。"菁回答。

你的花店应该如何定位呢？一个花植售卖的场所，一个生活空间的提供，还是一个美好生活的分享者？

于9月21日全新升级的昆明The Hours时时刻刻花植实验室，或许能够给你一些启发。

虽说是新店开张，但创立于2017年8月的时时刻刻，已经有了2年的运营经验。The Hours时时刻刻也逐渐由一家以鲜花花礼售卖为主的店铺转向为多元化、多业态经营的复合型空间。

后花店时代，让你的空间有更多可能性

撰文／黎媛
图片／The Hours 时时刻刻花植生活实验室

开放的态度，让你的品牌更包容

9月21日开业活动当天，现场来了超过500位客人，当天充值客人也超过了预期。据主理人黎媛说，这还是在他们拒绝了将近一半的客人之后的流量。

除了两年来良好的客群基础以及开业推文带来的热度流量外，当天开业活动的内容设定也起到了至关重要的作用。

这次开业活动，时时刻刻选择了异业合作的形式，筛选了15家不同领域的优质品牌，当天充值3000元，就可以获得品牌赠送的总价值超过1.5万元的无门槛产品。

开放的态度是时时刻刻这两年总结出的经验，外向才能让你的品牌更加的多元与包容，从而焕发出持续的活力。

这里的开放，除了单次活动的玩法，也包含

左页 花店内景一隅
右页上 顾客休闲区
右页下 入口及楼梯处

了对于品牌和空间的定位。

The Hours时时刻刻2.0花园的原址是一个老厂房，总面积600㎡，其中包含了一个300㎡的户外花园。所以在经营新店的时候，黎媛就没有定义为一个单纯的花店，而更多地是打造一个生活空间，所有与之关联的内容都可以纳入其中。

用黎媛的话来说，好看又好味道的饮品和甜点、简餐，并不作为主要的盈利点，只是空间的标配，是"基础设施建设"，而由此服务延伸出的活动场地租赁、小型婚礼宴会提供、艺术策展、高端沙龙举办等才是更大的利益点。

在花园项目开业之前的一个月时间里，就已经承接了大小活动5场，丰富的活动不仅能带来可观的经济收益，还能够带来持续的优质流量，为品牌的良性发展奠定了基础。

左页上 好看又好味道的甜品
左页下 蓝莓蛋糕

户外的花园

精彩的周末沙龙活动

有趣的自办沙龙，增加客群黏性

The Hours时时刻刻的新店离昆明市中心稍微有一段距离，所以并没有日常人流，此时有趣的周末沙龙课程就成为吸引流量以及增加客群黏性非常有用的方法。

虽说是一家花店，但时时刻刻的周末沙龙并不局限于鲜花，草木染、手工花草纸、植物标本制作、香薰蜡烛、宠物相亲、读书会、电影分享会、民谣音乐会等等，都在他们的周末沙龙名目之下，统称为"生活研习社"。

一方面是因为近年来市面上做鲜花类沙龙的品牌实在太多，受众难免有些审美疲劳，兴趣点也并不会太大，另一方面多元的沙龙内容赋予了品牌更多的文化价值，也从而提升了品牌鲜花产品的附加价值。

亲子读书会　宠物相亲沙龙

花店主理人的花艺式生活

◁ 植物标本相框

纯手工植物花茶 ▷

花+美好生活周边

The Hours时时刻刻全新升级之后的2.0版本,产品板块也不再局限于花植产品的单一类型销售,专门成立了产品部,研发可以流程化制作并且方便全国邮寄的各类花植周边产品。

目前产品品类包含:

茶杯、酒具、香薰蜡烛系列、空气香氛系列系列、花茶、干花系列、植物标本相框、浮游花系列、永生花系列等。

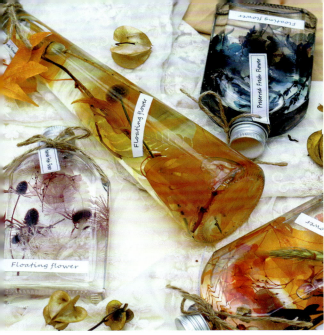

◁ 浮游花系列

干花手作系列 ▷

今年教师节期间，仅花茶、植物相框、干花相框三款主推非鲜花类产品，零售总订单量超过200份，甚至还有不少外地花店希望直接以批发的方式买进成品来进行加价销售。

非鲜花类节日产品的销售，也很好的解决了节日鲜花制作周期短、损耗大的问题。

未来的花店经营，是一个模糊边界的后花店时代，花＋一切，才能让你的品牌永葆活力。

供稿单位

贾军
作品页码 ▶ P6

北京鹿石花艺教育
作品页码 ▶ P12

东方撒艺
作品页码 ▶ P24

许晓瑛
作品页码 ▶ P30

程新宗
作品页码 ▶ P40

花间小筑
作品页码 ▶ P46

香榭森丽花艺设计
作品页码 ▶ P52

半日花房
作品页码 ▶ P62

成都秋拾花艺培训
作品页码 ▶ P66

Memory forest
记忆森林花艺工作室
作品页码 ▶ P70、94、95

花艺学院派
作品页码 ▶ P74、76、78

元也花艺
作品页码 ▶ P82

赤子
作品页码 ▶ P88

33子
作品页码 ▶ P96、98、100

九植植物手作花艺
作品页码 ▶ P102、104、106

香香
作品页码 ▶ P108

沈阳扣扣奥啦花艺
作品页码 ▶ P112

几蔚
作品页码 ▶ P116

The Hours
时时刻刻花植生活实验室
作品页码 ▶ P130

FLEUR CRÉATIF 创意花艺

扫码购买

20 年专业欧洲花艺杂志
欧洲发行量最大，引领欧洲花艺潮流
顶尖级**花艺大咖齐聚**
研究欧美的**插花设计趋势**
呈现不容错过的精彩花艺教学内容

6 本/套 2019 原版英文价格 620 元/套
中文版价格 348 元/套